Sommerblumen

aus dem
Garten von Eichstätt

Sommerblumen
aus dem Garten von Eichstätt

Eine Auswahl aus
dem großen Herbarium des
Basilius Besler von 1613

Mit einem Vorwort von Birgit Mayer
und botanischen Erläuterungen

Schirmer/Mosel

Die Auswahl der hier abgebildeten Pflanzen ist dem Gesamtwerk
Der Garten von Eichstätt / Hortus Eystettensis.
Das große Herbarium des Basilius Besler von 1613,
München 1988, entnommen.

Wissenschaftliche Redaktion der botanischen Erläuterungen:
Dr. Harald Kilias

Lithos: Repro Bayer, München
Satz: EDV-Fotosatz Huber/Verlagsservice G. Pfeifer, Germering
Druck und Bindung: Gorenjski Tisk, Kranj

ISBN 3-8296-0162-x

Eine Schirmer/Mosel Produktion
www.schirmer-mosel.com

Kriege und Belagerungen, Umbauten, Neubauten und Wiederaufbauten, Plünderungen und Besitzerwechsel haben die Willibaldsburg vor den Toren von Eichstätt im Lauf ihrer 650jährigen Geschichte zu einem Exempel des historischen Wandels werden lassen, an dem der sogenannte Geist der Zeiten – oder in Goethes Umkehrschluß: »der Herren eigner Geist« – wie in einem Lehrbuch abzulesen ist.

Der Name der Burg und des Hügels im Altmühltal, auf dem sie steht, geht zurück auf den angelsächsischen, später heiliggesprochenen Benediktinermönch Willibald, den Papst Gregor III. im Jahr 739 zur Christianisierung Frankens nach Deutschland entsandte und drei Jahre später als ersten Bischof von Eichstätt einsetzte. Seitdem bestimmten geistliche Herren das Schicksal und das äußere Erscheinungsbild der Stadt und des Bistums, dem als einem der ältesten innerhalb der deutschen Reichskirche besondere Bedeutung zukam. Zwischen 1353 und 1365 ließ Bischof Berthold von Zollern die erste Befestigungsanlage auf dem Willibaldsberg errichten, der Teil des selbständigen Territoriums des Hochstifts Eichstätt und damit bischöflicher Besitz war.

Hohe Kirchenämter gehörten seit jeher zu den Privilegien des Adels. In Eichstätt, das im 14. Jahrhundert Fürstbistum wurde – was den geistlichen Würdenträgern auch die weltliche Herrschaft über ihre Diözese sicherte –, kamen und gingen so erlauchte Namen wie Martin von Schaumberg, Johann Conrad von Gemmingen, Johann Christoph von Westerstetten, Marquard Schenk von Castell, Johann Knebel von Katzenellenbogen ... Und alle nutzten die strategisch und landschaftlich herausragende Lage der Willibaldsburg auf ihre Weise: zu Verteidigungszwecken, als Festung, Fluchtburg, Privatresidenz oder Ort der repräsentativen Selbstdarstellung. Je nach eigener Neigung, Zeitgeschmack und politischer Lage setzten sie unterschiedliche Prioritäten, profilierten sich als Kirchenfürsten, Militärstrategen, Diplomaten, Bauherren – oder leidenschaftliche Gärtner.

Johann Conrad von Gemmingen (1560/61–1612), der im Mai 1594 die geistliche und weltliche Regierung im Hochstift Eichstätt übernahm, vereinigte gleich mehrere dieser Eigenschaften eines Fürstbischofs in seiner Person. Mit diplomatischem Geschick hielt er sein Bistum weitgehend aus dem eskalierenden Konfessionskonflikt heraus; und als Bauherr bewies er weltmännische Ambitionen, als er den Renaissancebaumeister Elias Holl mit dem aufwendigen – und nie vollendeten – Umbau der Burg in ein standesgemäßes fürstliches Schloß beauftragte. Berühmt, und das schon zu Lebzeiten, wurde Conrad von Gemmingen jedoch durch den Garten, den er auf den Festungswällen rund um die Willibaldsburg anlegen ließ. Gemeinsam mit dem Nürnberger Apotheker und Botaniker Basilius Besler (1561–1629) schuf er den legendären »Garten von Eichstätt«, ein weit über die Grenzen Deutschlands hinaus bekanntes Wunderwerk der Botanik, das neben einer beeindruckenden Vielfalt einheimischer Gewächse alles zu bieten hatte, was damals rar und teuer war: Blumen, Bäume und Sträucher aus aller Herren Länder, exotische Gewürze und Kräuter, fremdländische Obstsorten.

Der prächtige Garten und die zweifellos heiterste, höfischste Epoche in der Existenz der Willibaldsburg waren beide nur von kurzer Dauer. Vom Dreißigjährigen Krieg (1618–1648) blieb auch Eichstätt nicht verschont. Die Willibaldsburg wurde zum Schauplatz heftiger Gefechte zwischen schwedischen und kaiserlichen Truppen; die Stadt selbst brannte 1634 zu Dreiviertel nieder. Conrad von Gemmingens Nachfolger im Amt des Fürstbischofs hatten sich um Wiederaufbau und Instandsetzung zu kümmern und dürften kaum Zeit und Muße für eine so beschauliche Tätigkeit wie das Gärtnern gehabt haben. Sie befestigten die Bastionen der Burg, versahen sie mit Geschützkasematten und bestückten den Willibaldshügel mit militärischen Nutzbauten. Nur langsam kamen die Wiederherstellungsarbeiten am Gemmingen-Schloß voran; Anfang des 18. Jahrhunderts wurden sie ganz eingestellt, als der regierende Fürstbischof die Hofhaltung nach Eichstätt verlegte, das nach dem großen Brand in neuem barocken Glanz wiedererstanden war. Vom Garten, der im Dreißigjährigen Krieg zwar verwüstet wurde, aber in Teilbereichen noch existierte, ist noch einmal 1716 die Rede, als er unter Fürstbischof Katzenellenbogen seine letzte Blüte erlebte. Die Einsparung der Gärtnerstelle 1795 bedeutete das Ende des einst so berühmten »Hortus« und die Säkularisation

1802 auch das Ende der Herrschaft der hohen Geistlichkeit, die eineinhalb Jahrtausende lang in Eichstätt den Ton angegeben hatte.

Die jüngere Geschichte der Willibaldsburg liest sich so profan, wie die Zeiten geworden waren. Zweckentfremdung und Raubbau waren an der Tagesordnung; alles, was nicht niet- und nagelfest war, wurde verschachert, eingeschmolzen, anderweitig verwendet. Teile der Burg wurden an Privatleute verkauft, baufällig gewordene Gebäude abgebrochen und die Ruinen, nach zwei Anläufen seit 1900 endgültig im Besitz des bayerischen Staats, unter Denkmalschutz gestellt – vorerst mit fragwürdigem Erfolg: Die ehemalige fürstliche Residenz beziehungsweise das, was von ihr übriggeblieben war, diente als Kaserne und Kriegsgefangenenlager, als Unterkunft von SS-Mannschaften und schließlich von Heimatvertriebenen. Vom Garten war nicht nur jede Spur seiner einstigen Schönheit verschwunden – er war vergessen.

Mitte des 20. Jahrhunderts wendete sich noch einmal das Blatt. Mit der Übergabe an die Bayerische Verwaltung der staatlichen Schlösser, Gärten und Seen kamen wieder Kontinuität und Leben in die Willibaldsburg. Die Fassade des Gemmingen-Baus und die Wehranlagen wurden wiederhergestellt, Museen in den renovierten Räumen eingerichtet und eine Burgschänke eröffnet. Der verlockende Gedanke, auch den fürstbischöflichen Garten zu rekonstruieren, scheiterte allerdings an der historischen Quellenlage: Es gibt weder Pläne noch sonstige Unterlagen zur tatsächlichen Lage und Gestalt des Gartens, und das Gelände, auf dem er sich ursprünglich erstreckte, hatte sich durch Zerstörungen und Baumaßnahmen im Lauf von 400 Jahren zu stark verändert, um noch konkrete Rückschlüsse oder Erkenntnisse zuzulassen. Als einziges Zeugnis der vergangenen Gartenpracht war ein steinerner Pergolapfeiler erhalten geblieben; er ist jetzt, eine Dauerleihgabe des Bayerischen Nationalmuseums, im Gemmingen-Hof zu bewundern.

Ein Buch, das 1988 als französisch-deutsche Koproduktion zustandekam, weckte den verwunschenen Garten buchstäblich aus seinem 400jährigen Dornröschenschlaf. Mit dem aufwendigen Nachdruck des 1613 erstmals erschienenen Prachtbandes *Hortus Eystettensis – Der Garten von Eichstätt* tauchten Conrad von Gemmingen und Basilius Besler wieder aus den Tiefen der Geschichte auf und traten ins Licht einer Öffentlichkeit, die sie zu Lebzeiten niemals hätten erreichen können: ersterer als Auftraggeber des Buches, das seine »Schöpfung« verewigen sollte, letzterer als der ausführende Gestalter ebendieser Schöpfung und darüber hinaus als Künstler und Autor. Nach dem »lebenden Modell« fertigte Besler die Zeichnungen der insgesamt 1085 Pflanzen an, die als Kupferstiche im *Hortus* abgebildet sind, und beschriftete sie mit kurzen lateinischen Erläuterungen. Der Fürstbischof, der sich das große Werk 7500 Gulden hatte kosten lassen, erlebte die Veröffentlichung nicht mehr. Doch die 300 handkolorierten Exemplare der Erstausgabe machten als Prunkgeschenk die Runde an den europäischen Fürsten- und Königshöfen und sind heute, dezimiert auf 28 erhalten gebliebene Exemplare, kostbarer Besitz der großen Bibliotheken der Welt.

Die Neuedition des *Hortus Eystettensis*, gedruckt nach einem dieser raren kolorierten Exemplare im Musée national d'histoire naturelle, Paris, brachte die Garten- und Schlösserverwaltung auf eine Idee – und lieferte gleich auch das Konzept zur Realisierung mit. Nicht die ursprüngliche Anlage wollte man rekonstruieren, was ohnehin problematisch gewesen wäre, sondern anhand des Buches mit seinem reichen und detaillierten Anschauungsmaterial die Besler'sche Pflanzenwelt. So entstand ein neuer Garten auf der Schmiedebastion der Willibaldsburg. Sein Grundriß zeigt, aus der Vogelperspektive erkennbar, das Motiv eines aufgeschlagenen Buches mit der Hauptachse als »Bund«, und die Bepflanzung der einzelnen Beete folgt Seite für Seite Beslers Anordnung im Rhythmus der Jahreszeiten. 1994 begonnen, konnte der Bastionsgarten 1998 eröffnet werden.

Noch blüht hier längst nicht jede der 367 Kupferstich-Tafeln des *Hortus Eystettensis*. Ausgefallene Pflanzen zu identifizieren und gegebenenfalls zu ersetzen, Raritäten oder spezielle Züchtungen in botanischen Instituten, Pflanzenkatalogen und Gärtnereien zu finden und im Eichstätter Klima heimisch zu machen, wird noch viel Geduld, Liebe und Zeit erfordern. Vollständigkeit ist nicht das Ziel dieser ungewöhnlichen »Rekonstruktion«, kann es nicht sein; viele der alten Blumensorten sind inzwischen verschwunden, andere stehen heute auf der Roten Liste der vom Aussterben bedrohten Arten. Aber ein Abglanz fürstbischöflicher Pracht ist doch zu ahnen, wenn im Sommer der Oleander in allen Schattierungen aufgeht, Rittersporn, Türkenbund und Klatschmohn ihre Farbfeuerwerke entzünden und am Limonenbäumchen die ersten Früchte reifen ...

Die Öffnungszeiten des Bastionsgartens:
Ostern bis Mitte Oktober 9 - 18 Uhr, Montags geschlossen
(Stand Februar 2004)

LITERATURHINWEISE

Der Garten von Eichstätt. Das große Herbarium des Basilius Besler von 1613. Mit einem Vorwort von Dieter Vogellehner und botanischen Erläuterungen von Gérard G. Aymonin, 546 Seiten, 367 farbige Tafeln, Schirmer/Mosel: München 1988

Hortus Eystettensis. Zur Geschichte eines Gartens und eines Buches. Herausgegeben von der Universitätsbibliothek Erlangen, 176 Seiten, 15 Farbtafeln, 17 Abbildungen, Schirmer/Mosel: München 1989

Die Pflanzenwelt des Hortus Eystettensis. Ein Buch lebt. Mit Texten von Brun Appel, Werner Dressendörfer, Hans-Otto Keunecke und Bernd Ringholz, 160 Seiten, 30 Abbildungen in Farbe und Duotone, Schirmer/Mosel: München 1998

Frühlingsblumen aus dem Garten von Eichstätt. Eine Auswahl aus dem großen Herbarium des Basilius Besler von 1613, 96 Seiten, 41 Farbtafeln, Schirmer/Mosel: München 2004

Sommerblumen
aus dem
Garten von Eichstätt

Die Angabe [B. + NR.] am Ende der botanischen Erläuterungen verweist auf die Tafel-Numerierung der Originalausgabe.

I Rosenlorbeer oder Echter Oleander, *Nerium oleander* L.
II Rosenlorbeer oder Echter Oleander, fruchtend, *Nerium oleander* L.

Der Rosenlorbeer oder Oleander gehörte zu den Holzpflanzen, die in Südfrankreich in Küstennähe am Grund kleiner, kühler Täler das Buschwerk bildeten. Die Mehrzahl dieser kleinen Täler wurde inzwischen durch den Strassenbau stark verändert und dadurch die Lebensgrundlage für den Rosenlorbeer zerstört. Der Oleander besiedelt die Wadis Nordafrikas oder auch Platanenwälder auf dem Schwemmland der Flüsse Griechenlands und des Nahen Ostens. Man findet ihn bis mitten in die Sahara und in den iranischen Wüsten nahe von Wasserstellen. Alle Teile der Pflanze sind giftig, sie enthalten herzwirksame Glykoside.

Man beachte die Darstellung des fruchttragenden Zweiges (II), bei der die langen, fast schwarzen Fruchtkapseln gezeigt werden. [B 139]

I. Nerion flore rubro. Fructus II. Nerij.

TAFEL I

I **Bitterorange,** *Citrus aurantium* L.
II **Zitronat-Zitrone,** *Citrus medica* L.
III **Orange,** *Citrus aurantium* L.

Der Orangenbaum soll in einer Form der Bitterorange von den Arabern in Europa eingeführt worden sein. Ohne Zweifel wurde er seit dem 12. Jahrhundert in Sevilla, im 13. Jahrhundert in Palermo und vermutlich seit der Mitte des 16. Jahrhunderts auf den Antillen angebaut. Der Zitronenbaum, der früher in Palästina kultiviert wurde, scheint der einzige den Römern bekannte Citrusbaum gewesen zu sein. Etwa um das Jahr 1000 wurde er in Neapel angebaut, von wo er sich dann ausgebreitet hat.

Die Abbildungen I und III zeigen Orangenbäume, *Citrus aurantium* L. Der Zweig mit den größeren Früchten (III) scheint unserer Orange zu entsprechen, während Abbildung I mit den kleineren Früchten eher an die Bittere Orange denken läßt, die durch ALEXANDER DEN GROSSEN nach Griechenland gebracht worden war. Der Zitronenbaum, *Citrus medica* L. (II), scheint wie die Orangenbäume aus dem tropischen Ostasien zu stammen. [B 140]

Poma Aurantia nana dicta.
Mala Medica seu Citria.
Poma Aurantia.

TAFEL 2

I **Blühender Granatapfelbaum mit Früchten,**
Punica granatum L.
II **Kirschpflaume,** *Prunus cerasifera* EHRH.
III **Aprikose, Marille,** *Prunus armeniaca* L.

Die Früchte des Granatapfelbaums, die Granatäpfel, von den Römern *Malum punicum*, Punischer Apfel, genannt, sind in südlichen Ländern ein geschätztes Obst. Das saftige, säuerliche, geleeartige Fruchtfleisch wird roh, mit oder ohne die zahlreichen Samen, verzehrt, es wird aber auch zu Sirup (›Grenadine‹) verarbeitet. Bei den Griechen galt der Granatapfel wegen der großen Samenzahl als ein Symbol der Fruchtbarkeit.

Die Früchte des Zweiges (II) wurden als Früchte des malaysischen Myrobalan-Baumes *Terminalia bellirica* (GAERTN.) ROXB. bezeichnet, der aber sicherlich im 16. Jahrhundert in Europa unbekannt war und außerdem in unserem Klima nicht kultiviert werden kann. Dieser Zweig steht wohl eher einer Kirsche nahe, die jedoch sehr selten geworden ist: *Prunus myrobalana* (L.) LOISEL, einer Unterart der ostmediterranen Kirschpflaume, *Prunus cerasifera* EHRH.

Auch wenn die länglichen Blätter herzförmig ausgerandet gezeichnet sind, stellt der dicht mit Früchten behangene Zweig (III) eine Aprikose, *Prunus armeniaca* L., dar, zumal BESLER die Früchte mit Pfirsichen vergleicht und abgeflachte Steine beschreibt. Man glaubte lange Zeit, daß die Aprikose aus dem Kaukasus stammt, heute neigt man jedoch eher zu der Annahme, daß ihre Heimat in Kaschmir, Zentralasien oder in China liegt. [B 142]

I. Balaustia.
II. Prunus Myrobalanus rotundus.
III. Mala Armeniaca.

TAFEL 3

1 Roseneibisch mit weißen Blüten, *Hibiscus syriacus* L.

Der am häufigsten kultivierte Hibiscus ist der Syrische Roseneibisch, *Hibiscus syriacus* L. Dieser holzige Strauch besitzt steife, gewundene Zweige, ziemlich dunkelgrünes dichtes Blattwerk und üppige Blüten. Er behält lange seine lebhaften Farben, da immer wieder neue Blütenknospen erscheinen und die nur eintägigen Blüten ersetzen. Dieser Hibiscus kommt heute im gesamten Mittelmeergebiet vor. Unter den äußerst zahlreichen Kultivaren werden die Hibiscus-Arten mit weißen oder zweifarbigen Blüten besonders geschätzt. Der purpurfarbene kammförmige Fleck am Grund der Petalen verleiht der dargestellten Pflanze ein individuelles Aussehen.

Die heute kultivierten Arten leiten sich von etwa 250 wilden Hibiscus-Arten ab, die aus den Tropen, aus Hawaii oder Madagaskar, aus Florida oder Äthiopien, aus Japan oder Südafrika stammen. Eine Art, die am Rand stiller Gewässer lebt, wird als heimisch an einigen Stellen in Frankreich, Italien und Nordamerika angesehen. [B 145]

TAFEL 4

I **Korallenbäumchen,** *Solanum pseudocapsicum* L.
II **Alpen-Leinkraut,** *Linaria alpina* (L.) MILL.

Das Korallenbäumchen, *Solanum pseudocapsicum* L. (I), wird sehr häufig als Zierpflanze, auch als Topfpflanze, kultiviert. Auf die weiße Blüte folgen äußerst attraktive kräftig rote Früchte, die jedoch, wie bei den meisten Nachtschattengewächsen, recht giftig sind. Man nimmt an, daß dieser Nachtschatten aus Südamerika stammt und um 1610 in Europa eingeführt wurde.

Das mehrjährige Alpen-Leinkraut, *Linaria alpina* (L.) MILL (II), ist verbreitet in Höhen zwischen etwa 1200 und 3800 m in den Gebirgen Mittel- und Südeuropas zu finden. Gelegentlich wächst es in tiefer gelegenen Landstrichen, entlang von Wildbächen oder Flüssen, die im Gebirge entspringen. Das Alpen-Leinkraut ist eine charakteristische Art der Kalkschutthalden, wo es große, vielblütige Bestände bilden kann. Es paßt sich auch an Abraum, Straßenaufschüttungen, trockenen oder feuchten Schotter oder Kies an, die es mühelos besiedeln kann. Diese zarte Pflanze besitzt graugrünes Blattwerk und auffallend gefärbte, blau violette Blüten mit leuchtend orangem Gaumen. [B 148]

I. Strichnodendron. II. Linaria Styriaca.

TAFEL 5

I **Einbeere,** *Paris quadrifolia* L.
II **Roter Fingerhut,** *Digitalis purpurea* L.
III **Großblütiger Fingerhut,** *Digitalis grandiflora* MILL.

Die Einbeere, *Paris quadrifolia* L. (I), ist nicht der Hauptstadt Frankreichs gewidmet, sondern PARIS, der den trojanischen Krieg auslöste. Man ist immer wieder überrascht von der Regelmäßigkeit der vier Blätter, in deren Mitte sich ein gerader und steifer Blütenstiel erhebt. Dieser Stiel endet in einer grünlichen sternförmigen Blüte mit 4 äußeren und 4 inneren schmalen, spitzen Blütenblättern und zweimal 4 Staubgefäßen. Die Blütenblätter bleiben bei der Fruchtbildung erhalten und umgeben die blauschwarze Beere. Die Einbeere kommt in Laubwäldern eher auf wenig sauren oder basischen, ausreichend feuchten Böden im ganzen nichtmediterranen Europa vor. Sie ist stark giftig.

Der Großblütige Fingerhut, *Digitalis grandiflora* MILL. (III), kann 1 m Höhe erreichen und hat blaßgelbe Blüten von 4 bis 5 cm Durchmesser. Man trifft diese Art in Buchen- und Tannenwäldern auf ein wenig steinigem Gelände und Abhängen an. Sie kommt vom Westen Belgiens bis zum Süden Frankreichs und im Osten bis nach Sibirien vor. Der Großblütige Fingerhut ist geschützt.

Der Rote Fingerhut, *Digitalis purpurea* L. (II), hat verschiedene Unterarten, die rosafarbene oder weiße Blüten tragen können. Er ist giftig. [B 149]

Herba I. Paris.
Digitalis III. flore luteo.
Digitalis II. flor. incarnato.

TAFEL 6

I **Dunkelblaue Marien-Glockenblume,**
Campanula medium L.
II **Purpurfarbene Korn-Rade,** *Agrostemma githago* L.
III **Weiße Korn-Rade,** *Agrostemma githago* L.

Die Marien-Glockenblume, *Campanula medium* L. (I), hat sich zweifellos während des Mittelalters in den Gärten Europas ausgebreitet. Diese zweijährige Glockenblume bildet im ersten Jahr eine große Rosette aus leicht rauhen Blättern, blüht im zweiten Jahr und verschwindet dann. In natürlicher Umwelt wächst sie in steinigen Wäldern, an Abhängen sonnenbeschienener Hügel, auf Felsen und manchmal Geröll. Eine Art mit ähnlichen Blüten besiedelt die Kalk-Steilküsten von den südlichen Cevennen bis nach Katalonien.

Die Korn-Rade, *Agrostemma githago* L. (II, III), ist eine einjährige Pflanze mit herrlichen Blüten, eine sehr alte Begleiterin der Getreidekulturen. Man nimmt an, daß sie zum mehrtausendjährigen Gefolge von Getreidearten wie Weizen, Gerste, Roggen, Hafer oder des Lein gehörte, oder zu dem einiger Futterpflanzen. Heute ist diese Art in natürlicher Umwelt sehr stark zurückgegangen; man wollte sie ausrotten, weil sie dicke schwarze, giftige Samen bildet, die sich mit dem ›guten Korn‹ vermischten und Vergiftungen verursachen konnten. Die Saatgutreinigung und die Anwendung von Pestiziden tragen zum weiteren Rückgang der Korn-Rade noch bei. Sie findet kein Refugium außer in einigen nicht oder nur sehr wenig bearbeiteten Gebieten. Die Korn-Rade steht auf der ›Roten Liste‹ der gefährdeten Arten in Deutschland. [B 152]

I
Medium flore purpureo.
II.
Pseudomelanthium flore rubescente.
III.
Pseudomelanthium flore albo.

TAFEL 7

I **Schmalblättriges Weidenröschen,**
Epilobium angustifolium L.
II, III **Pfirsichblättrige Glockenblume,**
Campanula persicifolia L.

Das Schmalblättrige Weidenröschen, *Epilobium angustifolium* L. (I), gehört zu den Pflanzen, die zusammen mit dem Roten Fingerhut, den *Senecio*-Arten und anderen Kräutern die ersten Besiedler von Kahlschlägen oder Brandrodungsflächen sind. Im Bergland kann es Geröll- und Lawinenhänge bedecken. Man findet es auch auf Böschungen in sandigen, ein wenig feuchten Heiden. Das Schmalblättrige Weidenröschen bringt Zehntausende von Samen mit federartigen Haarbüscheln hervor, die vom geringsten Luftzug transportiert werden. Die Samen sind in schmalen, etwas rosafarbenen Kapseln enthalten, die auf der Abbildung an der Basis der Blütentraube über den letzten Blättern dargestellt sind. Diese Pflanze, die Silikatböden vorzieht, kommt in Europa, Nordasien und Nordamerika vor.

Die Pfirsichblättrige Glockenblume, *Campanula persicifolia* L. (II, III), ist eine der großblütigen Arten des Flachlandes. Wenige, sehr große, ziemlich ausgebreitete, sehr regelmäßige Glocken, manchmal mehr als 4 cm im Durchmesser und lang gestielt, geben dieser schmalblättrigen Pflanze ein elegantes Aussehen. Die Formen mit himmelblauen Blüten sind die häufigsten, aber man findet auch in der Natur weiße oder tiefblaue Formen. Diese Glockenblume besiedelt sonnige, krautreiche Laub- und Nadelwälder und Gebüsch in ganz Europa. [B 156]

III. Campanula alba persicifolia. I. Chamænerion. II. Campanula cærulea persici, folia.

TAFEL 8

I **Giftheil,** *Aconitum anthora* L.
II **Blauer Eisenhut,** *Aconitum napellus* L.
III **Bunter Eisenhut,** *Aconitum variegatum* L.

Der Giftheil, *Aconitum anthora* L. (I), ist erkennbar an den fein zerteilten Blättern mit schmalen Fiedern und an den etwas matten, vollständig flaumhaarigen Blüten, deren Helm kurz und breit ist. Weniger verbreitet als der Gelbe Eisenhut, findet man diesen Eisenhut auf kalkreichen Böden, auf Geröll und den Triften der Hochgebirge Europas.

Der Blaue Eisenhut, *Aconitum napellus* L. (II), bildet mehrere Unterarten. Dieser Eisenhut wird am häufigsten von allen Eisenhut-Arten in der Pharmazie verwendet. Seine dunkelblau-violetten Blüten und sein starker Wuchs – er erreicht oft fast 2 m Höhe – zeichnen ihn als eine der schönsten Blumen feuchter Wiesen und Gebüsche in den Gebirgen Mitteleuropas aus.

Die unter III dargestellte Art trägt violette, gestreifte Blüten mit größerem Helm als bei jenen des Blauen Eisenhuts. Dies ist zweifellos der Bunte Eisenhut, *Aconitum variegatum* L., ein Bergbewohner, weniger verbreitet, aber ebenso giftig. Sowohl der Blaue als auch der Bunte Eisenhut sind geschützt und stehen auf der ›Roten Liste‹ der gefährdeten Arten in Deutschland.

Das in den Eisenhut-Arten enthaltene Aconitin ist ein äußerst starkes Gift. Es wirkt bei oraler Aufnahme, wird aber auch durch Schleimhäute und die unverletzte Haut aufgenommen (Gefährdung von Kindern, wenn sie mit den Blüten spielen). [B 160]

III. Napellus flor. variegat. I. Antora. II. Napellus Arborescens

TAFEL 9

I **Dauer-Lein,** *Linum perenne* L.
II **Großer Bocksbart,** *Tragopogon dubius* SCOP.
III **Haferwurzel,** *Tragopogon porrifolius* L.

Der in der Mitte dargestellte wilde Lein (I) ist eine mehrjährige Pflanze mit dicker Wurzel und zahlreichen beblätterten Stengeln. Er unterscheidet sich deutlich von dem einstengeligen Saat-Lein oder Flachs, *Linum usitatissimum* L., der seit der jüngeren Steinzeit wegen seiner Fasern und seines Öls angebaut wurde. Es handelt sich hier um den Dauer-Lein, *Linum perenne* L., mit mehreren vor allem gebirgsbewohnenden Unterarten, die Trockenrasen und trockene Kiefernwälder besiedeln. In Deutschland tritt diese Art hauptsächlich in Süddeutschland auf. Die Pflanze ist geschützt und steht auf der ›Roten Liste‹ der gefährdeten Arten in Deutschland.

Die *Tragopogon*-Arten (II und III) haben lebhaft gelbe und violettpurpurfarbene oder violette Blüten. Die Art mit keulig verdickten Stielen unterhalb der endständigen gelben Blüten ist der Große Bocksbart, *Tragopogon dubius* SCOP. (II), der auf trockenen Ruderalstellen und Trockenrasen in weiten Teilen Mittel- und Südeuropas vorkommt.

Die Pflanze mit dunkel-malvenfarbenen Blüten ist die Haferwurzel oder Austernpflanze, *Tragopogon porrifolius* L. (III). Sie besiedelt Wegränder und Schutt. Diese *Tragopogon*-Art wurde früher als Wurzelgemüse angebaut. Viele jetzt in natürlicher Umwelt bestehende Populationen stammen wahrscheinlich aus alten Gemüseanbaugebieten. [B 161]

II Tragopogon flore luteo.

I. Linum sylvestre flore coeruleo

III. Tragopogon purpureum

TAFEL 10

I, II, III Garten-Levkojen, *Matthiola incana* (L.) R. BR.

Die Levkojen gehören hauptsächlich zwei botanischen Gattungen an: *Malcolmia*, W. MALCOLM gewidmet, einem britischen Gartenbauer im 18. Jahrhundert, und *Matthiola*. Der Name *Matthiola* bewahrt die Erinnerung an einen italienischen Arzt und Botaniker, PIETRO ANDREA MATTIOLI, geboren in Siena um 1500, gestorben in Trient 1577. Die Botanik verdankt ihm ein ganz fundamentales Werk, die ›Commentarii in sex libros ... Dioscoridis ...‹, 1565 in Venedig erschienen, eine – von Holzschnitt- und Aquarellabbildungen begleitete – Analyse des Werkes des berühmten griechischen Arztes und Naturwissenschaftlers DIOSCORIDES, der im 2. Jahrhundert lebte.

Die *Matthiola*-Arten besiedeln vorwiegend das Mittelmeergebiet bis zum Iran. Viele kommen ausschließlich in den Küstengebieten vor, andere wachsen auf den Felswänden der südlichen Gebirge, wieder andere vertragen sogar die wüstenhaften Bedingungen der Sahara oder Zentralasiens.

Die meisten früher kultivierten Levkojen gelten heute als Abkömmlinge der einzigen wilden Art, der Garten-Levkoje, *Matthiola incana* (L.) R. BR. Man findet Levkojen mit gestreiften Blütenblättern – ›variegatum‹ –, mit einfachen Blüten (II, III) oder mit gefüllten (I), und Formen mit einfachen dunkelvioletten oder weißen Blüten. [B 165]

II.
Leucoium variegatum
album rubris maculis.
I.
Leucoium flore
rubro pleno.
III.
Leucoium variegatum
purpureis maculis.

TAFEL II

I Gefüllte, panaschierte Gemeine Akelei, *Aquilegia vulgaris* L.
II Gefüllte, purpurfarbene Gemeine Akelei
III Gemeine Akelei, Pompon-Form

Man zählt rund 120 Akelei-Arten, davon etwa 30 in Europa. Es sind meist Pflanzen eng begrenzter Verbreitungsgebiete in einem der großen Gebirgsmassive. Bestimmte Arten sind endemisch für die Alpen, andere allein für die Südalpen, diese nur für die Kalkstandorte der Cevennen, jene für die Pyrenäen oder die Sierra Nevada. Man pflanzt sie heute im Garten in vielen Formen und Farbtönen, abstammend von Hybriden von Himalaya- oder nordamerikanischen Arten. Diese Vielfalt hatte man zur Zeit BESLERS nicht, und es scheint, daß alle dargestellten Pflanzen von einer einzigen wilden Art abstammen, der Gemeinen Akelei, *Aquilegia vulgaris* L., einer in der Natur sehr polymorphen (vielgestaltigen) Pflanze.

Man kann bei den vielen im ›Hortus‹ abgebildeten Akelei-Arten im Zweifel sein, besonders wenn die dargestellten Exemplare nur eine oder zwei Blüten haben wie BESLERS ›stellata‹, der Pompon-Typ (III), oder wenn die fein gefiederten Blätter nur am Fuß der Pflanze gezeigt sind (I, II), was an den Wuchs und die Beblätterung von Gebirgsarten erinnert.

Die wild vorkommende Gemeine Akelei ist geschützt und steht auf der ›Roten Liste‹ der gefährdeten Arten in Deutschland. [B 170]

III
Aquileia Stellata
Rubescens
II
Aquileia flore rubro.
I
Aquileia Variegata

TAFEL 12

I Spanischer Schwarzkümmel, *Nigella hispanica* L.
II, III Damaszener Schwarzkümmel, *Nigella damascena* L.

Die Schwarzkümmel-Arten sind hübsche einjährige Pflanzen mit meist ungewöhnlich himmelblauen, manchmal grünlichen und seltener gelben Blüten.

Der Schwarzkümmel mit sehr großen dunkelblauen Blüten (I) ist ein Spanischer Schwarzkümmel, *Nigella hispanica* L., dessen Blütenhülle mehr als 6 cm Durchmesser erreichen kann. Es ist eine bemerkenswerte wilde Art, relativ selten, wenig angepflanzt. Sie besiedelt Kulturen und trockene Stellen der Iberischen Halbinsel und des Maghreb.

Die zwei anderen Individuen sind wohl Formen einer einzigen Art, aber zweifellos nicht Formen des Echten Schwarzkümmel, *Nigella sativa* L. Es handelt sich wahrscheinlich um eine normale und eine bemerkenswerte Form des Damaszener Schwarzkümmel, auch ›Braut in Haaren‹, *Nigella damascena* L., mit fein bewimperten Blütenblättern. Diese Art, oft als Zierpflanze kultiviert, kommt im Mittelmeerraum häufig, andernorts manchmal subspontan oder wildwachsend vor. Man beachte die dicke, aufgeblasene Kapsel (III) – die gerne in Trockensträußen verwendet wird –, die aus fünf fest miteinander verbundenen Bälgen besteht und dicken, schwarzen, runzligen Samen enthält.

Die Schwarzkümmel-Arten werden auch ›Jungfer im Grünen‹ genannt. [B 174]

III. Melanthium Damasce, num flore pleno.
I. Melanthium Hispa, nicum maius.
II. Melanthium Sativum flore simplici.

TAFEL 13

I **Gefüllter rosablütiger Feldrittersporn,**
Consolida regalis S. F. GRAY
II, III **Gefüllter Gartenrittersporn,**
Consolida ajacis (L.) SCHUR

Der Feld-Rittersporn (I), *Consolida regalis* S. F. GRAY, von mediterraner Herkunft, war ziemlich verbreitet in den Getreidekulturen auf Kalkböden Mittel- und Südeuropas. Auch er ist wie die anderen Begleiter der Getreidearten vor allem wegen der Behandlung mit chemischen Herbiziden vom Aussterben bedroht. Man trifft den Rittersporn hier und da noch in bebauten Gebieten an. Das Kraut und vor allem die Samen des Feld-Rittersporns sind giftig. Die Pflanze steht auf der ›Roten Liste‹ der gefährdeten Arten in Deutschland.

Die beiden anderen Abbildungen (II, III) beziehen sich sehr wahrscheinlich auf den Garten-Rittersporn, *Consolida ajacis* (L.) SCHUR. Die dichten, wenig verzweigten, aufrechten, steifen Blütenstände gehören weder zu Formen des Feld-Rittersporns noch zu östlichen Arten dieser Gattung. Ebenfalls von mediterraner Herkunft, hatte diese Spezies, wie es scheint, eine eingeschränktere natürliche Verbreitung, wurde aber viel häufiger angepflanzt und ist aus Gärten verwildert.

Die zahlreichen heutigen Rittersporn-Sorten haben nur sehr wenig Neuheiten gebracht verglichen mit der Auswahl, die im Garten von Eichstätt und zweifellos in verschiedenen anderen Gärten des 16. und 17. Jahrhunderts schon vorhanden war. [B 178]

II. Consolida regalis flore pleno cœruleo.

I. Consolida Aruensis flore rubropleno.

III. Consolida regalis flore pleno purpureo.

TAFEL 14

I **Echter oder Römischer Schwarzkümmel,**
Nigella sativa L.
II, III **Weißblütiger, Bittersüßer Nachtschatten,**
Solanum dulcamara L.

Bei dem hier abgebildeten Schwarzkümmel (I) handelt es sich entweder um den Acker-Schwarzkümmel, *Nigella arvensis* L., der vorwiegend während der Erntezeit zu finden ist, heute jedoch in ganz Europa immer seltener auftritt, oder den Echten Schwarzkümmel, *Nigella sativa* L. Zur Zeit des ›Hortus‹ war letzterer wahrscheinlich eine sehr häufige Kulturpflanze. Unter dem Namen Römischer Schwarzkümmel war sie wegen ihrer würzigen Samen schon seit der Antike bekannt. BESLER schreibt jedoch, daß die Pflanze blasse Samen hat, was nicht mit den braunen oder sogar schwarzen Samen des Acker-Schwarzkümmels übereinstimmt. Andererseits verwendet er die Bezeichnung ›citrina‹, was wir wohl richtiger mit ›säuerlicher Geschmack‹ als mit ›zitronengelb‹ übersetzen. Das würde auch auf die Eigenschaft als Gewürz verweisen.

Der Bittersüße Nachtschatten, *Solanum dulcamara* L. (II, III), ist ein leicht kletternder Halbstrauch, der in feuchten Waldlichtungen, Weidegebüschen und an Flußufern vorkommt. Seine roten eiförmigen, stark giftigen Früchte werden von den Vögeln gefressen, die damit für die Verbreitung dieser sehr häufig vorkommenden Pflanze sorgen. In der volkstümlichen Heilkräuterkunde wurde der Bittersüße Nachtschatten oft als blutreinigendes und antirheumatisches Mittel verwendet. [B 180]

II. Dulcis amara flore albo.

I. Nigella peregrina flore multiplici

III. Dulcis amara flore cæruleo vulgatior

TAFEL 15

1 Vielblütige, gefleckte Türkenbund-Lilie mit Zwiebel, *Lilium martagon* L.

Trotz BESLERS Behauptung, seine Türkenbund-Lilie gehöre zu den exotischen Pflanzen und sei ausgesprochen selten, und obwohl er erwähnt, daß der Duft dieser Pflanze an den der Moschusrose erinnert, sprechen alle Details der im ›Hortus‹ abgebildeten Lilien für *Lilium martagon* L., die Türkenbund-Lilie. Diese häufigste Lilien-Art Europas ist in den Bergen zu Hause, tritt jedoch auch ab und zu in weniger großen Höhen auf. Man kennt sie praktisch überall, vom Meeresspiegel bis in Höhen von 2500 m, von Portugal über Rußland bis in die Mongolei.

Besonderes Merkmal der hier abgebildeten Türkenbund-Lilie ist, daß ihre Blütenblätter auf der Innenseite weiß und auf der Außenseite leicht purpurn sind; beide Blattseiten sind jeweils fein gepunktet.

Die Türkenbund-Lilie ist bei uns in der Natur selten geworden. Man findet sie vorwiegend in hellen Wäldern, manchmal in Wiesen. Die Blütenschäfte werden häufig bis zu 1 m hoch und tragen 5 bis 15 Blüten; die noch geschlossenen Knospen haben fein behaarte Blütenblätter. Normalerweise ist die Lilie geruchlos, doch an sonnigen Standorten oder gegen Ende der Blütezeit kann sie einen etwas unangenehmen Geruch verbreiten. Die Zwiebeln wurden früher für Umschläge verwendet, da sie viel Schleimstoffe enthalten. Die Türkenbund-Lilie ist geschützt. [B 184]

TAFEL 16

I, II **Scharlachlilie mit Zwiebel,** *Lilium Chalcedonium* L.
III **Herbst-Blaustern,** *Scilla autumnalis* L.

Das orangefarbene Rot dieser Lilie (I), deren Blütenblätter nur wenig oder gar nicht gefleckt sind, das Blattwerk und die unterschiedlich langen Blumenstiele, die fast alle von einem Punkt ausgehen, gehören zu den typischen Merkmalen der Scharlachlilie, *Lilium Chalcedonium* L. Es handelt sich hier wahrscheinlich um eine spätblühende Pflanze dieser schönen Art, die schon in der ›Ordnung des Frühlings‹ erwähnt wurde. Ihr lateinischer Name, ›Calcedonica‹, dürfte darauf anspielen, daß sie zur Zeit BESLERS in der Türkei gezüchtet wurde; heute ist diese Lilie nicht mehr in Kalzedonien (Kleinasien) bekannt.

Das kleine Liliengewächs (III) gehört zu der einzigen spätblühenden *Scilla*-Art in Europa, die gegen Ende des Sommers, von August bis November blüht. Sie ist vor allem in Südeuropa, Nordafrika und Westasien beheimatet. Dieser Herbst-Blaustern, *Scilla autumnalis* L., bevorzugt trockene Gras- und Felsfluren, Küstennähe und kalkhaltige Böden. Er trägt meistens etwa 10 Blüten; es gibt jedoch Sorten, die mehr als 30 violette oder, seltener, auch leicht purpurfarbene Blüten haben. [B 186]

II.
Scapus cum bulbo.
I.
Hemerocallis Calcedonica
polÿanthos.
III.
Hÿacinthus stellatus autumna
lis angustifolÿs. maior.

TAFEL 17

I **Spanische Schwertlilie,** *Iris xiphium* L.
II **Scharlachlilie,** *Lilium Chalcedonicum* L.
III **Alpen-Krokus,** *Crocus vernus* L.
IIII **Echter Safran,** *Crocus sativus* L.

Abbildung II zeigt eine spätblühende Form von *Lilium Chalcedonicum.* Die dunkel-feuerroten Blüten und die Anordnung der Blätter sind typisch. Die Schwertlilie in Abbildung I ist ein Zwiebelgewächs und mit Sicherheit eine andere Varietät der Spanischen Schwertlilie, *Iris xiphium.*

Wenn er ihn auch ›vernalis‹ (des Frühlings) genannt hat, stellt BESLER seinen Krokus (III) zur Ordnung des Sommers; allerdings mit dem Zusatz ›montanus‹. Er ordnet ihn also den Bergkrokussen zu, deren Blütezeit an den Firnrändern der Hochgebirge manchmal bis in den August hinein dauert. Es sind mehrere Dutzend Varietäten bekannt, die aus *Crocus vernus* L. hervorgegangen sind, die vielblütige Art BESLERS ist jedoch nicht eindeutig zu bestimmen.

Der Safran (IIII), der besonders in Südeuropa kultiviert wird, existiert heute nicht mehr in freier Natur. Man betrachtet ihn als engen Verwandten des *Crocus cartwrightbianus* HERBERT, der in Griechenland und auf Kreta vorkommt und als einzige Art neben dem Safran verbreiterte, lang herunterhängende Narben besitzt, die im September oder Oktober vorsichtig mit der Hand geerntet und anschließend getrocknet werden. Man schätzt, daß für 1 kg getrocknetes Safranpulver, das als Gewürz, als Farbstoff und wegen seiner medizinischen Eigenschaften vielfache Verwendung findet, etwa 500 000 Narben benötigt werden. [B 191]

III.
Crocus Montanus Vernalis
IV.
Crocus Sativus.
I.
Iris bulbosa flore luteo.
II.
Lilium Bizantinum Serot:

TAFEL 18

1 Gemeines Schlangenkraut mit Rhizom, *Dracunculus vulgaris* SCHOTT

Das Gemeine Schlangenkraut, *Dracunculus vulgaris* SCHOTT (auch *Arum dracunculus* L.), erscheint monströs: Die Pflanze kann leicht höher als 1 m und die Blüte mehr als 50 cm hoch werden. Diese Art hat eine dicke Knolle, aus der ein massiger, schwarzvioletter oder kohlschwarz gefleckter Stengel hervorgeht. Genauso gefleckt sind auch die Blattstiele sowie die Rückseite der hornförmig verbreiterten Spatha. Diese ist im unteren Teil grünlich und umgibt den gesamten unteren Teil des Kolbens, auf dem sich die voneinander getrennten männlichen und weiblichen Blüten befinden. Der sterile Teil in Form einer sehr langen und spitz zulaufenden Keule ist violett-purpurn, fast schwarz und kann länger werden als die Spatha, die eine Art purpurfarbenen, dreieckigen Mantel formt. Der Blütenstand dieser unangenehm riechenden Pflanze wird – wie bei vielen Aronstabgewächsen – weich, verflüssigt sich und fällt in sich zusammen; er scheint an der Pflanze zu verfaulen. In der Natur kommt die Pflanze vor allem im Mittelmeerraum vor, sie wächst zum Teil wild auf Korsika, bewohnt warme, helle Wälder und Untergehölze sowie Hecken und kann bis ziemlich hoch in den Norden und in den Westen Europas hinein kultiviert werden. [B 192]

TAFEL 19

I **Großblütige Schwerlilie,** *Iris xiphioïdes* EHRH.
II **Sumpf-Siegwurz,** *Gladiolus palustris* GAUDIN
III, IIII **Gartensiegwurz oder Gladiole,** *Gladiolus communis* L.

Die von BESLER beschriebenen Schwertlilien zeigen, wie vielfältig die Farbenpalette dieser Blumen, die häufig als Zierpflanzen gezüchtet und sehr früh züchterisch ausgelesen wurden, schon in jenen Tagen war. Von der Pyrenäen-Iris stammt eine große Gruppe von Schwertlilien ab, die unter dem Namen ›Englische Schwertlilien‹ (I) verbreitet wurden.

Der beachtliche Größenunterschied zwischen der rotblühenden Siegwurz (II) und den beiden Pflanzen mit dunkelvioletten Blüten (III, IIII) ist verblüffend. Möglicherweise kann man die Sorte mit den kleinen, mattroten Blüten, die in losen schwachblütigen Trauben angeordnet sind und von BESLER ›wildwachsend‹ bezeichnet wurden – was in der Eichstätter Umgebung durchaus möglich war – mit der Sumpf-Siegwurz, *Gladiolus palustris* GAUDIN, vergleichen.

Die anderen beiden Pflanzen gehören zu der sehr komplexen Gruppe der ›byzantinisch‹ genannten Siegwurze, einer Anzahl verschieden stark veredelter und sehr schwer zu bestimmender Arten aus dem Mittelmeerraum. Ihre sehr großen, ziemlich zahlreichen und eng aneinanderliegenden Blüten erinnern an die *Gladiolus communis* L. Diese zwei Formen haben bemerkenswert und ungewöhnlich gefärbte Blüten, die weit von dem unter den wildwachsenden Arten beobachteten Rosa und Rot entfernt sind. [B 191]

Victorialis
IV
Gladiolus Narbonensis
flore incarnato.
I.
Iris Bulbosa flore diluto
cœruleo.
III
Gladiolus Narbonensium flo-
re purpureo.

TAFEL 20

1 Gemeine oder Einjährige Sonnenblume, *Helianthus annuus* L.

Die Sonnenblume, die eine besondere Rolle unter den europäischen Zierpflanzen spielt, gehört zu den Korbblütlern, einer der größten Familien der Pflanzenwelt: Sie sind in Europa mit mehr als 160 Gattungen vertreten; in Frankreich existieren etwa 600 wildwachsende Arten.

Die Gemeine Sonnenblume, *Helianthus annuus* L., galt schon sehr früh als Zierpflanze und war dank ihrer außerordentlichen Größe sehr beliebt. Die Blütenscheibe kann einen Durchmesser von 30 cm erreichen. Sie besteht aus Randblüten mit großen goldgelben Zungenblüten sowie inneren, röhrigen, dichtgedrängten, bräunlichen Scheibenblüten. Ebenso auffällig ist die späte Entwicklung der mattgrauen Früchte, die in dem wabenartig aussehenden Blütenboden verankert sind. Im allgemeinen wird angenommen, daß die Sonnenblume im südlichen Lateinamerika beheimatet ist; deshalb gab ihr BESLER den Namen ›Peruvianus‹.

In Europa hat sich die Sonnenblumenkultur in solchem Maße entwickelt, daß ihre durch die Urbarmachung großer Landflächen geförderte Ausbreitung aus ökologischer Sicht schon genauso bedenklich geworden ist wie der Maisanbau. [B 204]

1. Flos Solis maior.

TAFEL 21

I **Rosellahanf,** *Hibiscus sabdariffa* L.
II **Breitblättrige Glockenblume,** *Campanula latifolia* L.
III **Kalisalzkraut, Salzkraut,** *Salsola kali* L.

So erstaunlich es auch sein mag, die Sammlungen des Eichstätter Gartens enthielten auch Pflanzen, die ihren Ursprung in den Tropen haben. Den Winter über wurden sie deshalb in Orangerien aufbewahrt. Der Rosellahanf, *Hibiscus sabdariffa* L. (I), ist eine jener Pflanzen, die als Zutaten in der Küche verwendet wurden und Bestandteil säuerlich schmeckender Getränke waren. Meist wird sie als Pflanze des tropischen Afrika angesehen, wurde aber bereits seit langem in Asien und dann auch in Afrika kultiviert.

Abbildung II zeigt die breitblättrige Glockenblume, *Campanula latifolia* L., eine Art, die zerstreut bis selten in den Gebirgen Mitteleuropas vorkommt. Man muß jedoch einräumen, daß ihre stark gezähnten Blätter, ihre ziemlich kleinen, geneigten und nickenden Blüten mit den zurückgebogenen Kelchzipfeln eher an die Acker-Glockenblume, *Campanula rapunculoides* L., erinnern, die an trockenen, steinigen Stellen in wärmeren Lagen Mitteleuropas auftritt.

Es gibt verschiedene Arten des Salzkrautes (III), die man anhand der Laub- oder der stacheligen Deckblätter unterscheidet. So hat *Salsola kali* L. eine behaarte, pergamentartige Frucht und weiche Blätter und Deckblätter, *Salsola soda* L. hingegen eine nur kurze Frucht. Diese beiden einjährigen Pflanzen sind typisch für die salzhaltigen Sandböden der Küstengebiete von Europa bis Mittelasien. [B 216]

III. Kali Minus.
I. Sabdariffa.
II. Campanula folijs serratis cœrulea.

TAFEL 22

I-V Stockrose, *Althea rosea (?)*

BESLER stellt verschiedene Stockrosen vor. Einerseits die Sorten mit gefüllter Blüte: weiße, leuchtend rosafarbene, purpurne (V) und dunkelpurpurne (IIII); andererseits Sorten mit ungefüllter Blüte: weiße (I), leuchtend rosafarbene (II) und purpurne (III).

Heutzutage hat sich die Farbpalette durch eine Vielzahl von Kulturformen noch erweitert. Sie reicht von weißen und cremefarbenen bis hin zu blaßgelben und zitronengelben Formen. Daneben finden sich Blüten mit rosafarbenen, roten, purpurnen oder schwarzpurpurnen Tönen. BESLER scheint noch keine gelben Sorten gekannt zu haben.

Die sehr dekorativen Pflanzen werden häufig wegen ihrer Blüten kultiviert, die nach der Ernte getrocknet und in der Heilkunde – dies gilt insbesondere für die sogenannten ›schwarzen‹ Sorten – zu den schleimlösenden und hustenlindernden Mitteln gezählt werden. [B 223]

I
Malva hortensis flore sim
plici albo.
II
Malva hortensis flo: sim
plici incarnato.
III.
Malva hortensis flo: sim
plici rubro.
IIII.
Malva hortensis flo: ple,
no atrorubente.
V.
Malva hortensis flore ple,
no rubro.

TAFEL 23

I **Mannsblut,** *Hypericum androsaemum* L.
II **Hartheu,** *Hypericum hircinum* L.
III **Tüpfel-Hartheu, Johanniskraut,** *Hypericum maculatum* CRANTZ oder **Flügel-Hartheu,** *Hypericum tetrapterum* FRIES

›Siciliana‹ ist der Name, den BESLER dem Mannsblut, *Hypericum androsaemum* L. (I), gegeben hat, obwohl die Art in ganz Italien beheimatet ist. Bis heute ist nicht bekannt, ob sie hier natürlich vorkommt oder ob sie eingeführt wurde. Man findet sie vor allem in feuchtem, schattigem Gebüsch und in Hecken auf eher sauren Böden Westeuropas. *Hypericum androsaemum* wird noch zuweilen kultiviert, doch führt man in den Gärten heute vor allem großblütige Arten aus Anatolien. Diese Pflanze ist in allen Stadien ihrer Entwicklung dekorativ, zuerst dank ihrer großen Staubblattbüschel, dann durch ihre Früchte, die aus beerenförmigen, fleischigen, roten oder schwarzen Kapseln bestehen. Die auch als Immergrünes Hartheu bekannte Art wurde früher wegen ihres harzigen Saftes in schleimlösenden Mitteln verwendet.

Hypericum hircinum L. (II) wird ebenfalls als Zierpflanze kultiviert und bewohnt vor allem Flußufer und feuchte Plätze der Inseln im westlichen Mittelmeerraum.

In Europa gibt es etwa 60 Hartheu-Arten, und es fällt schwer, die abgebildete Art (III), deren Blätter winzige Punkte aufweisen – es sind durchscheinende Drüsen –, und deren Stengel vierkantig ist, zu bestimmen. Es handelt sich entweder um *Hypericum tetrapterum* FRIES oder um *Hypericum maculatum* CRANTZ, die beide in Europa vorkommen, letztere vorzugsweise in den Bergen. [B 247]

II. Androsæmum fœditum seu Tragodes.

I. Siciliana.

III. Hypericon

TAFEL 24

250 I **Rosa Garten-Lichtnelke, gefüllt,** *Silene dioica* (L.) CLAIRV.

II **Weiße Garten-Lichtnelke, gefüllt,** *Silene dioica* (L.) CLAIRV. (?)

Die Bestimmung der botanischen Arten, zu denen die hier gezeigten Blumen gehören, erweist sich als äußerst schwierig, da es sich um sehr stark veränderte Pflanzen handelt. Auch wenn BESLER die Pflanze mit den rosa Blüten zu *Lychnis chalcedonica* L. stellt, gehört sie doch ganz bestimmt nicht zu dieser Art. Die beiden Lichtnelken, die BESLER als gefüllte Wildarten bezeichnet, gehören wohl zu zwei verschiedenen Arten. Obwohl die Form der Blütenkelche nicht sehr überzeugend ist, könnte es sich um Lichtnelken handeln, die heute zu *Silene* einerseits und zu *Lychnis* andererseits gestellt werden, die früher jedoch in der Gattung *Melandrium* zusammengefaßt wurden. Von einer Art der erstgenannten Gattung sind heute die Formen ›Rubra plena‹, ›Roseum plenum‹ als Kulturformen bekannt, botanisch gehören sie zu *Silene dioica* (L.) CLAIRV.

Möglicherweise gehört auch die Lichtnelke mit weißen Blüten (II) hierher; es ist jedoch nicht auszuschließen, daß sie zu *Silene alba* (MILLER) E. H. KRAUSE zu stellen ist, die ebenfalls in gefüllten Sorten ›Multiplex‹ bekannt ist. Die stark gerippten, pelzigen und leicht verdickten Blütenkelche verstärken diese Vermutung ebenso wie die Stengel und die Beblätterung. In der Natur ist die Art gewöhnlich ausdauernd, sie wird in Kultur jedoch meist als ein- oder zweijährige Pflanze behandelt. [B 250]

II. Lichnis Sylvestris flo: pleno albo.

I. Lichnis sylvestris flore pleno rubro.

TAFEL 25

I Bartnelke mit weißen Blüten, *Dianthus barbatus* L.
II Bartnelke mit purpurnen Blüten, *Dianthus barbatus* L.
III Bartnelke mit panaschierten Blüten, *Dianthus barbatus* L.

Trotz der Benennung ›Armeria‹ gehören die hier dargestellten Nelken nicht zu *Dianthus armeria,* also der Büschel-Nelke, sondern zu den Bartnelken, *Dianthus barbatus.* Diese Art ist als Schnittblume fast jedem bekannt; in Kultur wird sie meist als zweijährige Pflanze gehalten, obwohl sie in der Natur ausdauernd ist. Sie kommt wild vom Mittelmeergebiet bis ins südliche Rußland vor und wächst vor allem auf trockenem Grasland, oft noch in Höhen von 2000 m. Die gesamte Pflanze ist unbehaart, und der sehr dichte Blütenstand ist von blattartigen spitzen Deckblättern umgeben, die kürzer als die Blüten selbst sind, wie bei den Sorten mit grünen Büscheln gut zu erkennen ist.

Man nimmt an, daß der Name Armerius keltischen Ursprungs ist und zu ›Ar Mor‹ gehört, der Bezeichnung einiger Plumbaginazeen (Bleiwurzgewächse), die auch in Deutschland als Gartenpflanzen bekannt sind. Die Bartnelken sind heute in unzähligen Formen erhältlich, deren Vielfalt der Blütenfarbe – von rein weiß bis tief purpur – und Panaschierung einzelner Blüten oder des ganzen Blütenstandes immer wieder Bewunderung hervorruft. [B 253]

III. *Flos Armerius variegatus.* I. Flos Armerius albus. II. *Flos Armerius ruber.*

TAFEL 26

I Purpur-Skabiose mit doppelten Blüten,
Scabiosa atropurpurea L.

II Purpur-Skabiose mit einfachen Blüten,
Scabiosa atropurpurea L.

III Tauben-Skabiose, *Scabiosa columbaria* L. (?)

Die Skabiose mit purpurnen Blüten (I) – BESLER kennzeichnet sie als sattrot – ist sicher eine Kulturform von *Scabiosa atropurpurea* L., einer an trockenen Standorten und in Macchien heimischen mediterranen Art. Die für Skabiosen typischen steifen Borsten der Blütenstände sind bei dieser Art besonders lang, so daß der Blütenkopf ein sonderbares igelförmig-stacheliges Aussehen erhält. Diese Eigenheiten finden sich auch bei Pflanze II, welche wohl eine Form mit kleineren und blasseren Blütenköpfen darstellt. Diese Skabiose ist auch heute noch eine beliebte Zierpflanze, obwohl man dazu neigt, an ihrer Stelle die kaukasische Skabiose zu kultivieren, die größere, cremeweiße bis schwarzblaue Blüten hat. Es ist schwer zu erklären, warum BESLER diese Pflanze mit der Benennung ›Scabiosa Indica‹ versehen hat; dies könnte sowohl auf amerikanischen Ursprung (Westindien) als auf orientalische Herkunft (Indien) hinweisen, bedeutet aber wohl lediglich ›exotisch, fremder Herkunft‹.

Auch die Skabiose mit den feinen Blättern könnte eine weitere Form dieser Art sein, gehört aber wahrscheinlich zur Tauben-Skabiose, *Scabiosa columbaria* L. (III). [B 259]

II. Scabiosa Indica flore dilute rubro

I. Scabiosa Indica flore sa-
turate rubro.

III. Scabiosa tenuifolia flore cinereo.

TAFEL 27

I **Falscher Kapernstrauch,** *Zygophyllum fabago* L.
II **Gelbe Hauhechel,** *Ononis natrix* L.

Die Pflanze (I), deren Äste links und rechts dargestellt sind, wurde früher als Vertreterin von *Capparis cynophallophora* L. angesehen, einer Art aus Florida und der Karibik. Dies ist jedoch nicht der Fall. In Wahrheit handelt es sich um *Zygophyllum fabago* L., den Falschen Kapernstrauch, auch Doppelblatt genannt. Die Pflanze hat ihre Heimat in den Steppen Südrußlands, ist jedoch auch in weiten Teilen Südeuropas verwildert. Das Doppelblatt wächst buschig und hat lange, fleischige Wurzeln, die oft bis 1 m tief in die Erde reichen; das ermöglicht der Pflanze ein Überleben in trockenen, heißen oder kalten Perioden. Einige Arten sind auch von wirtschaftlichem Interesse. So liefert der Gaiak, ein selten gewordener amerikanischer Baum mit sehr hartem Holz, ein für die Arzneimittelgewinnung wichtiges Harz und der Harmel, *Peganum,* eine Färberpflanze, das ›türkisch Rot‹ sowie einige pharmazeutisch interessante Substanzen.

Die Gelbe oder Spanische Hauhechel, *Ononis natrix* L. (II), ist eine ausdauernde krautige Pflanze, die bisweilen auch leicht buschigen Wuchs aufweist. Sie kommt auf steinigen, sonnigen Hängen Südeuropas vor, wo sie noch bis in Höhen von 1500 m anzutreffen ist. Die Pflanze fühlt sich oft klebrig an, und die griechischen Bezeichnungen *Ononis* und *natrix* beziehen sich auf ihren unangenehmen Geruch. Die Blüten sind gelb gestreift und oftmals braun oder purpurn panaschiert. [B 262]

II.
Ononis flore luteo variegata, non spinosa.
I
Capparis Fabago.

TAFEL 28

I Blaue Luzerne , *Trigonella coerulea* (L.) SER.
II Inkarnatklee, *Trifolium incarnatum* L.
III Roter Waldklee, *Trifolium rubrum* L.

›Lotus Urbana‹, die ›Blaue Luzerne‹ BESLERS (I), gehört nicht zur Gattung Luzerne (*Melilotus*). Die himmelblauen Blüten und die deutlich sichtbaren, traubigen Fruchtstände mit ihren leicht hakenförmigen Hülsen lassen die Pflanze, ebenso wie die gräulichen Blätter, als *Trigonella coerulea* (L.) SER. erkennen. Diese Pflanze ist derzeit nicht wild bekannt; man vermutet, daß sie von einer verwandten griechischen Art abstammt. Sie wird jedoch in weiten Teilen Europas als Futterpflanze angebaut und kann gelegentlich auch verwildern.

Die abgerundeten Fiederblättchen mit ihren langen Stielen und die länglich purpurroten Blüten lassen in Abbildung II eine sehr häufig kultivierte Klee-Art erkennen, den Inkarnatklee, *Trifolium incarnatum* L. Die Pflanze kommt ursprünglich aus Südwesteuropa, wo sie auf trockenen Wiesen wächst.

Pflanze III ist ebenfalls eine bekannte Klee-Art, *Trifolium rubrum* L. oder Roter Waldklee. Er hat länglichere Blätter und kürzere Stengel als die zuvor beschriebene Art. Der Rote Waldklee kommt wild in Europa bis zu den Pyrenäen vor und wächst vor allem auf trockeneren Wiesen mit kalkigen bis leicht tonigen Böden, seltener auch in lichten Eichenwäldern. [B 271]

II. *Lagopus peregrina.* I. Lotus Urbana. III. *Lagopus Maior.*

I **Weißblühender Jasmin,** *Jasminum grandiflorum* L. oder *Jasminum officinale* L.
II **Gelbblühender Jasmin,** *Jasminum oderatissimum* L. oder *Jasminum fruticans* L.
III **Acanthus,** *Acanthus mollis* L.

Diese Tafel ist hauptsächlich der zweiten in Europa beheimateten Acanthus-Art, *Acanthus mollis* L. (III), gewidmet, die das westliche Mittelmeergebiet besiedelt, von Jugoslawien und Italien bis Portugal und Nordafrika. Diese Art wird meist zu Zierzwecken angepflanzt, und vor allem das Blatt ist es, das so häufig zur Verzierung von Kapitellen (vgl. korinthische Säulen) verwendet wurde.

BESLERS ›Jasminum flor. alb.‹ (I), dessen gegenständige Blätter zahlreiche relativ lange und spitze Blättchen besitzen, hat große Blüten, die an *Jasminum grandiflorum* L. denken lassen, die Art, die gegenwärtig in Südfrankreich am häufigsten zur Parfümherstellung angebaut wird, der jedoch weniger widerstandsfähig ist als der seit langem in den Mittelmeerländern angepflanzte Echte Jasmin, *Jasminum officiale* L. Beide Arten waren, so scheint es, im 16. Jahrhundert in Europa bekannt.

BESLERS ›Jasminum flor. lut.‹ (II) steht der auf den Kanarischen Inseln bekannten Art *Jasminum odoratissimum* L. nahe, die seit langem angepflanzt wird. Dieser gelbblühende Jasmin erinnert auch an die Pflanzen der Spezies *Jasmium fruticans* L., die im mediterranen Gebiet wild vorkommen, und an Pflanzen einer chinesischen Art, die aber ohne Zweifel im 17. Jahrhundert noch nicht bekannt war. [B 275]

TAFEL 30

I **Färber-Saflor,** *Carthamus tinctorius* L.
II, III **Römische Kamille,** *Chamaemelum nobile* (L.) ALL.

Die dunkelorangefarbenen Blüten dieser Pflanze, die ein wenig an die Köpfchen der Artischocke erinnern, sind typisch für den Färber-Saflor, *Carthamus tinctorius* L. (I), eine Art mit ungeteilten Blättern. Diese einjährige, unbehaarte Pflanze wurde früher häufig in großen Teilen Europas angepflanzt, ist heute jedoch aus unseren Regionen fast verschwunden. Man baute sie wegen des Pigments ihrer Blüten an, das in Färbereien wertvolle Dienste leistete. Heute sind die seltenen Saflor-Kulturen, die in Südosteuropa noch angelegt werden, eher zur Gewinnung der ölhaltigen Früchte bestimmt. Man vermutet, daß diese Pflanze aus Westasien stammt.

Die Römische Kamille, mit einfachen (II) oder gefüllten Blüten (III), *Chamaemelum nobile* (L.) ALL., ist ein ausdauerndes, sehr aromatisches Kraut, von dem man annimmt, daß es aus Westeuropa stammt, wo es von Irland bis nach Portugal und den Azoren verbreitet gewesen sein soll. Häufig als Heil- und Zierpflanze angebaut, ist es heute bis nach Mitteleuropa und Italien eingebürgert. Als beliebtes Heilmittel wird Kamille auch für schmerzlindernde Teesorten oder zur Gewinnung der Wirkstoffe durch Destillation angepflanzt. Den Namen Römische Kamille behält man meist den Pflanzen mit gefüllten Blüten vor. [B 276]

I. Cnicus Sativus
III. Chamæmelum Romanum
flo: multiplici.
II. Chamæmelum Romanum
flo: simplici.

TAFEL 31

1 Gemüse-Artischocke, *Cynara cardunculus* L.

Die Gemüse-Artischocke, auch Cardy oder Kardone, *Cynara cardunculus* L., ist vielleicht die wildwachsende Stammart unserer kultivierten Artischocken. Sie ist eine ausdauernde Pflanze mit großen Blättern, die oft stachlige Zähne besitzen und tief eingeschnitten, weißlich-grau auf der Unterseite und mattgrün auf der Oberseite sind. Der Sproß kann eine Höhe von 1 m erreichen.

Die Gemüse-Artischocke ist anscheinend im ganzen westlichen Mittelmeergebiet und auf den Inseln des Mittelmeers bis nach Kreta wild anzutreffen. Sie wächst auf trockenen oder sehr trockenen Hängen, entlang von Wegen, oft auch an steinigen und ruderalen Standorten; sie bevorzugt Kalkböden. Trotz ihrer Stacheln ist diese Pflanze eßbar; sie hat unbewehrte Formen, bei denen beispielsweise die Rippen der Blätter gekocht und als Gemüse verzehrt werden. Es scheint, daß die Karthager und dann die Römer diese Pflanze stark genutzt haben, während die Artischocke, die wir kennen, erst später kultiviert wurde. [B 279]

1.
Cinera cum flore.

TAFEL 32

I, II Schlafmohn mit gefüllten Blüten und gezähnten Blütenblättern, *Papaver somniferum* L.

Man ist ziemlich sicher, daß alle Mohnsorten der alten Gärten vom Schlafmohn, *Papaver somniferum* L., abstammen, der schon seit alters her kultiviert wird. Homer erwähnt ihn als Gartenpflanze, und alle Zivilisationen des mittleren Orients, des Himalaya und Chinas haben diese Pflanze als Rauschgift benutzt. Man gewinnt das Morphin aus der Spitze des Stengels und der Hülle der Kapsel. In bestimmten Klimazonen liefern diese Kapseln einen weißen Saft, den Ausgangsstoff für Opium, eine giftige Substanz, die jedoch in kontrollierter Dosis äußerst nützlich sein kann und deshalb zur Herstellung wertvoller Arzneimittel verwendet wird. Das aus den – schwarzen – Samen gewonnene Öl dient als Lösungsmittel in der Pharmazie.

Man findet im ›Hortus‹ keine Wildform des Schlafmohn, sondern nur bereits abgewandelte, dekorative Rassen, die zuweilen unter der allgemeinen Bezeichnung *Papaver hortensis* HUSSENOT zusammengefaßt werden. Dic Blüten dieser Formen sind in der Tat außergewöhnlich. So zeigt Abbildung II eine Mohnsorte mit violett-schwarzen, nelkenartigen Blütenblättern, die durch Umgestaltung der Krone und der Staubgefäße in viele mehr oder weniger schmale und fransige Teile entstanden sind. Die lebhaft rote Blüte mit ihren fadenförmigen, gewellten Blütenblättern (I) läßt eine ins Violette übergehende Farbe des Zentrums der Blüte erkennen. [B 291]

21. *Papaver flore multiplici purpura-scente*

1. Papaver flore multiplici incarnato.

TAFEL 33

I **Zirmet,** *Tordylium apulum* L. oder *Tordylium officinale* L.
II, III **Schlafmohne mit bekränzten Blüten,** *Papaver somniferum* L.

Eine ausgeprägte Zweifarbigkeit – rot mit weiß bei III und rot mit purpur-violett bei II – und tief gezähnt-gefranste Blütenblätter kennzeichnen diese besonders dekorativen Schlafmohn-Exemplare; in beiden Fällen sind den Blüten zahlreiche Staubgefäße erhalten geblieben. Der Gartenmohn des ›Hortus‹, aus dessen Samen man das Mohnöl gewinnt, ist vor allem bekannt für seine ›Opium-Mohn‹ genannten Varietäten. Neben Sorten mit weißen und schwarzen Samen, die auf dem Balkan und in Ungarn als Gewürz verwendet werden, kennt man heute auch sogenannte blinde Rassen mit Kapseln, die sich nicht von selbst öffnen.

Abbildung I zeigt ein kleines Kraut mit sehr eigenartigen Früchten; die dicken Scheiben mit ihrem weißen, stark ausgezackten Rand erlauben eine problemlose Erkennung der Gattung, aber nur wenige Elemente erlauben es, die Art genau zu bestimmen. Es handelt sich um einen Zirmet, auch Drehkraut genannt, und zwar entweder um den Gebräuchlichen Zirmet, *Tordylium officinale* L., oder um den Apulischen oder Echten Zirmet, *Tordylium apulum* L. Die beiden nah verwandten Arten besiedeln Felder und trockene Standorte des Mittelmeergebietes. [B 292]

Tordilion Creticum.
II
Papaver laciniatum rubum
unguibus purpureis.
III
Papaver laciniatum rubrum
unguibus albis.

TAFEL 34

I **Kleine Kapuzinerkresse,** *Tropaeolum minus* L.
II, III **Gänseblümchen,** *Bellis sylvestris* CYR.

Die kleine Kapuzinerkresse stammt aus Peru und hat Europa offenbar nach 1570 erreicht. Im Vergleich zu der bei uns bekanntesten Art, der Großen Kapuzinerkresse, *Tropaeolum majus* L., ist die abgebildete Art kleinblütiger. Ihre roten, goldgelb gefärbten Blüten fallen dennoch sofort auf. *Tropaeolum minus* L. kann man als einjährige oder mehrjährige Pflanze kultivieren; sie duftet stark und hat auch einen angenehmen Geschmack, wovon sich der Namensbestandteil Kresse ableitet. Wahrscheinlich ist sie ebensosehr zur Zierde wie wegen ihrer nahrhaften Beschaffenheit eingeführt worden. Man brachte sie von Spanien nach Frankreich und Flandern, von wo aus man sie über ihre Samen in Europa verbreitete. Die Kleine Kapuzinerkresse hat gestreifte Blütenblätter und einen sehr langen und sehr dünnen Sporn; die Blätter werden peltat (schildförmig) genannt, wobei der Blattstiel nicht am Rand, sondern innerhalb der Spreite mündet.

Die zwei Gänseblümchen (II, III) mit gefüllten, rosafarbenen oder roten Blüten können der Form der Blätter nach zu schließen nicht vom weit verbreiteten Ausdauernden Gänseblümchen, sondern müssen von der Art *Bellis sylvestris* CYR. abstammen. Indessen weist dieses Gänseblümchen von mediterraner Herkunft durch drei fast parallele Rippen markierte Blätter auf. [B 294]

III.
Bellis Sylvestris minor
II.
Bellis Sylvestris
Nasturtium Indicum.

TAFEL 35

I **Blau blühende Lupine,** *Lupinus micranthus* GUSS. oder *Lupinus varius* L.
II **Blaue Lupine,** *Lupinus angustifolius* L.
III **Gelbe Lupine,** *Lupinus luteus* L.

Die Lupinen sind auch ohne Blüten sofort an ihrem charakteristischen Blattwerk zu erkennen. Jedes Fiederblatt ist gefingert und seine Blättchen setzen alle an einem Punkt an. Eine gewisse Anzahl der heute angebauten Lupinen stammt von amerikanischen Arten mit kleinen Samen ab. Die ehemals in die Gärten eingeführten Lupinen sind einjährig, mit ziemlich dicken, fast erbsengroßen Samen. Sie stammen aus dem Mittelmeergebiet. Die Art mit dunkelblauen bis violetten Blüten, ohne Fleck auf der Blütenkrone (I), hat große flaumhaarig-seidige Blätter. Man kann sie entweder der Spezies *Lupinus micranthus* GUSS. oder der Art *Lupinus varius* L. zuordnen; es wäre dann eine orientalische Unterart von *Lupinus varius* L., denn die Pflanze des ›Hortus‹ wird im Text als ›Lupinus Aethopicus‹ bezeichnet.

Die Pflanze mit der schlanken Blütentraube und den kleinen blauen Blüten (II) entspricht recht genau der Blauen Lupine, *Lupinus angustifolius* L., deren Blätter schmale Fiederblättchen aufweisen. BESLER präzisiert im Text, daß sie braunschwarze, mehr oder weniger gesprenkelte Samen habe.

Die Gelbe Lupine, *Lupinus luteus* L. (III), wächst wild im westlichen Mittelmeergebiet. Sie wird in den bergigen Gebieten Südeuropas sowohl als Futterpflanze als auch als Gründünger großflächig angebaut. [B 296]

I.
Lupinus Sativus maior.
III.
Lupinus Sÿlvestris flor. luteo
odoratus.
II.
Lupinus Sÿlvestris angustifol.
flor. ceruleo.

TAFEL 36

I **Hiobs-Tränengras,** *Coix lacryma-jobis* L.
II **Staudenwicke,** *Lathyrus latifolius* L.
III **Wald-Platterbse,** *Lathyrus sylvestris* L.

Eine der bedeutendsten Familien der Pflanzenwelt sind die Süßgräser, zu denen auch die verschiedenen Getreide gehören, sowohl hinsichtlich der Zahl der Gattungen und Arten als auch wegen ihrer Nützlichkeit für den Menschen. Diese Familie kommt im ›Hortus‹ praktisch nicht vor. Eine Ausnahme bildet das Hiobs-Tränengras, *Coix lacryma-jobis* L. Es hat seltsame harte Samen, die, glänzend weiß-perlmuttgrau, die Gestalt von Tränen haben. Die Pflanze wird im Mittelmeergebiet genutzt; sie ist einjährig ziemlich leicht anzupflanzen und nah mit dem Mais verwandt, in gewissem Maße auch mit dem Reis. Man verwendet sie in Südostasien als Gemüse und in China als Heilpflanze.

Die zwei rot blühenden *Lathyrus*-Arten sind leicht zu unterscheiden. Die Staudenwicke, auch Breitblättrige Platterbse, *Lathyrus latifolius* L. (II), ist eine ausdauernde Art, die hauptsächlich Hecken und den Rand von lichten, ziemlich warmen Wäldern Süd- und Mitteleuropas besiedelt. Sie kann eine Höhe von 3 m erreichen und trägt viele rosafarbene Blütentrauben. Die Wald-Platterbse, *Lathyrus sylvestris* L. (III), ist ihr sehr nahe verwandt, hat aber schmale Blättchen und kleinere rosa- bis leicht malvenfarbene oder gelbliche Blüten. Man trifft sie in Wäldern, Dickichten und Hecken fast ganz Europas an. [B 299]

III. Lathyris Sylvestris.
I. Lachryma Iobi.
II. Lathyris Narbonensis

TAFEL 37

I Rundblättrige Glockenblume, *Campanula rotundifolia* L.
II Purpur-Trichterwinde, *Ipomoea purpurea* ROTH.
III Trichterwinde, *Ipomoea nil* (L). ROTH.

Von den Trichterwinden kommen ungefähr 500 Arten vor. Sie werden zum Teil seit langem angepflanzt, ohne daß ihre Herkunft und die Daten ihrer Einführung bestimmt wären. Folgende Merkmale lassen die Pflanze der Abbildung II als Vertreterin der Art *Ipomoea purpurea* ROTH. bestimmen: Die Blütenkrone ist groß und ganzrandig, die Farbe veränderlich, von malven-purpurfarben bis rosa oder blau, die Kelchblätter sind lang, die Laubblätter groß und herzförmig. Diese Art wurde zweifellos vor 1630 aus dem tropischen Amerika eingeführt und häufig angepflanzt, im Mittelmeergebiet kommt sie bisweilen eingebürgert vor.

›Nil Arabum Camararis‹ (III) unterscheidet sich durch ihre dreilappigen, behaarten Blätter und durch Blüten, deren Kronen eckige Ränder haben und sich gut sichtbar durch deutliche Falten auszeichnen. So kann sie eher als eine tropische Pflanze der Alten Welt, *Ipomoea nil* (L.) ROTH., angesehen werden. Die Trichterwinden werden in den angelsächsischen Ländern ›Morning glory‹ genannt, wegen ihrer morgendlich glänzenden Blüte.

Die Rundblättrige Glockenblume, *Campanula rotundifolia* L. (I), mit ihren hängenden Glöckchen scheint eine recht unscheinbare Blume, aber dieses Wildkraut bezaubert durch seine Feinheit. BESLER beschreibt die Grundblätter als veilchenähnlich, wenn auch kleiner. [B 301]

I.
Campanula minor sylue-
stris flore cœruleo.
II
Convolvulus Indicus flo.
violaceo
III
Nil Arabum Camerarij

TAFEL 38

I **Samtblume,** *Tagetes erecta* L.
II, III **Basilikum,** *Ocimum basilicium* L.

Gewöhnlich hat die Samtblume (I) eher einblütige Stengel, aber in Kultur wurden zweifellos sehr früh mehrblütige Kulturformen erzielt, manchmal mit riesigen Köpfchen, die bis zu 1 m Durchmesser erreichen können. Unter den etwa 30 bekannten Tagetes-Arten ist diese aus Mexiko und Mittelamerika stammende zweifellos die am häufigsten angepflanzte. In den Tropen eingebürgert, hielt man sie lange für afrikanischen Ursprungs. Ihre Einführung muß später erfolgt sein als die der Studentenblume, wahrscheinlich gegen Ende des 16. Jahrhunderts. Diese einjährige Art wird durch Aussaat vermehrt. Die Samtblumen bieten eine breite Farbpalette von Gelb- und Goldtönen, manchmal sogar ein wenig ins Purpurfarbene reichend. Wie bei den Studentenblumen ist der Blütenstiel gekennzeichnet durch eine starke Verdickung knapp unter dem Köpfchen. Der ›Duft‹ dieser Pflanzen ist, abgesehen von einer kleinblütigen Art, die manchmal als Heilkraut angepflanzt wird, meist wenig angenehm.

Die Abbildungen II und III stellen zwei späte Formen des Basilikum oder Basilienkrauts, *Ocimum basilicum* L., dar, die eine, links, kennzeichnen Zitronenduft und rosafarbene Blüten, die andere weiße Blüten und Anisduft, wie BESLER im Text präzisiert. Die Verschiedenheit der ›Düfte‹ ist charakteristisch für die verschiedenen Rassen des Basilikum. [B 306]

II.
mum Citratum seu Citri odore
I
Carÿophÿllus maior Indic,
flore multiplici aureo.
III
Ocimum Anisi odore.

TAFEL 39

I **Garten-Nelke,** *Dianthus caryophyllus* L.
II, III **Lavendel,** *Lavandula spec.*

Der Lavendel, wie wir ihn kennen und wie ihn wohl auch LINNÉ unter dem Namen *Lavandula spica* beschrieben hat, wird heute in drei verschiedene Arten aufgeteilt. Der Große Speik, *Lavandula latifolia* MEDICUS, ist eine wärmeliebende Art auf steinigen Hügeln relativ niederer Höhenlagen im westlichen Mittelmeerraum; der Echte Lavendel, *Lavandula angustifolia* MILLER, eine eher montane Art, besiedelt ebenso steinige, sehr trockene Stellen. Es handelt sich hierbei um den Arzneilavendel, der in Deutschland als Gartenpflanze beliebt ist. *Lavandula x burnatii* BRIQUET schließlich ist eine Kreuzung der beiden genannten Arten. BESLER hat hier zwei Arten dargestellt, aber die Unterscheidungsmerkmale – etwa breite oder schmale Hüllblätter, mehr oder weniger ausgeprägte Behaarung der Kelchröhre (II und III) –, sind nicht erkennbar. Zur Parfümherstellung gewinnt man aus Lavendel eine sehr begehrte Essenz, während die blühenden Spitzen dieses Zwergstrauchs dank ihrer anregenden und krampflösenden Eigenschaften in Tees und in alkoholischen Lösungen verwendet werden. In der Kräuterkunde dienen in Säckchen gefüllte Blüten dazu, dem Wäscheschrank einen angenehmen Duft zu verleihen und die Insekten fernzuhalten.

Im mittleren Teil der Abbildung ist eine einfarbige purpurne, reich blühende Form der Garten-Nelke (I) dargestellt. [B 310]

II. Lavendula flore albo.
I Caryophyllus maximus plenus flore rubro.
III Lavendula flore cæruleo.

TAFEL 40

1 Garten-Nelke, *Dianthus caryophyllus* L.

BESLER stellt im ›Hortus‹ mehr als 20 verschiedene Nelkensorten vor, die von verschiedenen Wildarten abstammen dürften. Die meisten weisen gefüllte Blüten auf, so daß die wesentlichen Artmerkmale nicht mehr sichtbar sind. Es scheint, daß die ›Gilovers‹ oder ›Gilly flowers‹ der alten britischen Gartenbauer, auch ›Giroflees‹ *(Caryophyllus)* genannt, seit dem 15. Jahrhundert bei Liebhabern hoch geschätzt wurden, eine Vorliebe, die sich erst um die Mitte des 17. Jahrhunderts im übrigen Europa ausbreitete. Von den etwa 300 Nelkenarten, die vom Mittelmeerraum bis zum Himalaya, im Fernen Osten und in Südafrika verbreitet sind, kommen 120 Arten wild in Europa vor, von denen weniger als zehn in den ›Hortus‹ eingegangen zu sein scheinen.

Das hier abgebildete Exemplar gehört der Gattung *Dianthus* an. Der lateinische Name ›Di-anthus‹ weist darauf hin, daß sie lange Zeit, ihrer außerordentlichen Schönheit wegen, als ›Götterblumen‹ angesehen wurden. [B 313]

TAFEL 41